Ronaldo Campos

Historischer Überblick über Entwicklung und Regulierung der Gentechnik

GRIN Verlag

Bibliografische Information der Deutschen Nationalbibliothek:

Die Deutsche Bibliothek verzeichnet diese Publikation in der Deutschen National-
bibliografie; detaillierte bibliografische Daten sind im Internet über http://dnb.d-
nb.de/ abrufbar.

Impressum:

Copyright © 2005 GRIN Verlag GmbH
Druck und Bindung: Books on Demand GmbH, Norderstedt Germany
ISBN: 978-3-640-18116-2

Dieses Buch bei GRIN:

http://www.grin.com/de/e-book/110078/historischer-ueberblick-ueber-entwicklung-
und-regulierung-der-gentechnik

RONALDO CAMPOS

HAUSARBEIT
im Rahmen des Seminars
an der
Technische Universität Berlin - WF

THEMA
Entwicklung, Regulierung und Perspektiven der grünen Gentechnik

HISTORISCHER ÜBERBLICK ÜBER ENTWICKLUNG UND REGULIERUNG DER GENTECHNIK

WS 2004/05
Berlin, 16.02.2005

Entwicklung, Regulierung und Perspektiven der grünen Gentechnik

Inhaltsverzeichnis

1 Einleitung

Die vorliegende Arbeit beinhaltet eine Untersuchung über den historischen Überblick der Entwicklung und Regulierung der Gentechnik. Das Thema behandelt einen Teil des Seminars „Entwicklung, Regulierung und Perspektiven der grünen Gentechnik" bei Prof. Dr. Jobst Conrad an der Technischen Universität Berlin – TU Berlin.

In diesem Seminar soll in den Bereich der grünen Gentechnik in Bezug auf die Entwicklung der Biotechnologie eingeführt werden. Erkenntnisfortschritte in der Grundlagenforschung, vor allem in der Molekularbiologie, führten zur Entwicklung der Gentechnologie. Vereinfacht kann man dabei die Gentechnologie als die gezielte Veränderung des Erbmaterials von Organismen, sei es durch Austauschen von Genen oder durch Hinzufügen von Genen, bezeichnen, d.h., ein Organismus besitzt dann neue, bewusst eingebaute und vorher bekannte Eigenschaften. Die Gentechnik gilt heute unumstritten als eine der führenden Disziplinen der modernen Wissenschaft. Als solche kommt ihr für die Veränderung und Entwicklung der modernen Gesellschaften eine Rolle zu, wie sie jener der Physik und der Chemie seit Beginn dieses Jahrhunderts entspricht. Tatsächlich prägen Gen- und Biotechniken nicht nur das Natur- und Menschenbild unserer Gesellschaft, sie bestimmen vielmehr auch als Produktionstechniken unmittelbar die Lebenswelt des modernen Menschen.

Absicht dieser Arbeit ist es, die Entwicklung und Regulierung der grünen Gentechnik darzustellen und einige Überlegungen der neuen Biotechnologie zu berücksichtigen.

Die unterschiedlichen Aspekte des Problemfeldes führten zu einer Dreiteilung der Gliederung dieser Arbeit:

Der erste Abschnitt beinhaltet eine Einführung zum Thema grüne Gentechnik bzw. neue Biotechnologie, Konzepte und Definitionen.

Der zweite Abschnitt behandelt den historischen Überblick über Entwicklung und Regulierung der Gentechnik. Hierbei werden die Phasen der Entwicklung der Biotechnologie in den letzten 30 Jahren dargestellt. Im Hinblick auf die wirtschaftliche und politische Ebene werden auch die aktuelle Debatte und Tendenzen zur grünen Biotechnologie erläutert.

Im dritten Abschnitt sind die Schlussbetrachtungen enthalten und es wird der Frage nachgegangen, ob die grüne Gentechnik bzw. Biotechnologie als eine sinnvolle Strategie der Zukunftstechnologie betrachtet werden kann.

1.1 Zum Thema Biotechnologie

Unter Biotechnologie versteht man den gezielten Einsatz biologischer Prozesse im Rahmen technischer Verfahren und industrieller Produktionen. Die Biotechnologie hat sich in den letzten zweieinhalb Jahrzehnten zu einer der wichtigsten Innovations- und Wachstumsbereiche entwickelt. In den Industrienationen kommt ihr eine Schlüsselfunktion mit großer volkswirtschaftlicher Bedeutung zu.[1] Die Biotechnologie ist eine anwendungsorientierte Disziplin und wird daher zu den Ingenieurwissenschaften gezählt. Sie vereint im Wesentlichen die Teilgebiete Mikrobiologie, Biochemie und Verfahrenstechnik.

Die historische Entwicklung der Biotechnologie begann mit der traditionellen Herstellung von Lebens- und Genussmitteln (Brot, Bier). Durch die Entdeckung und Entwicklung der Mikrobiologie im 19. Jahrhundert erfuhren biotechnologische Verfahren einen großen Auftrieb. Auf Grund neuer wissenschaftlicher Erkenntnisse u.a. auf dem Gebiet der Molekularbiologie und der Enzymtechnik wurde der Anwendungsbereich der Biotechnologie über den Lebensmittelbereich hinaus stark erweitert. Heute werden moderne biologische Verfahren sowohl in der Lebensmittelproduktion als auch im Gesundheitswesen und der Landwirtschaft eingesetzt. Biotechnologische Verfahren werden gegenwärtig in der Landwirtschaft in verstärktem Maße bei der Züchtung von krankheits-, insekten- und herbizidresistenten Pflanzen, bei der Veränderung von Pflanzeninhaltsstoffen und der Herstellung von Functional Food oder von pharmazeutisch wirksamen Lebensmittelinhaltsstoffen genutzt.[2]

1.2 Gentechnik als Verfahren der Biotechnologie

Gentechnologie ist das Verfahren der mehr oder weniger gezielten Übertragung von Erbinformationen (Genen) auf das Erbgut (Genom) von Mikroorganismen, Pflanzen, Tieren und Menschen.

---

[1] Vgl. Schrott, M. 1997, Breitenstein, M. 1998 u.a.

[2] Vgl. Schrott, M. 1997.

Dieses Verfahren wurde möglich, nachdem die molekulare Grundstruktur des Erbgutes durch James Watson und Francis Crick aufgeklärt war und sich als universale Matrix für alle Organismen erwies.[3]

Das Erbmaterial besteht aus der DNS (Desoxyribonukleinsäure), einem komplexen Zweistrangmolekül, in dessen Längserstreckung die aufeinander folgenden Basenbausteine als Informationsspeicher fungieren. Die auf den DNS-Strängen liegenden Gene sind im Falle des Menschen (und anderer Organismen) noch keineswegs vollständig lokalisiert. Ein schwer klärbares Geheimnis ist und bleibt auch das Zusammenwirken mehrerer Gene bei der Ausprägung von erblich bedingten Eigenschaften. Dennoch sind die praktischen Fortschritte der Gentechnologie beträchtlich.[4]

Je nach Anwendungsbereich wird zwischen der grauen (Mikroorganismen), der grünen (Pflanzen) und der roten (Tiere) Gentechnologie mit jeweils verschiedenen Risikolagen unterschieden. Bei Pflanzen konzentriert sich die Übertragung von Genen im Anwendungsbereich vor allem auf drei Ziele: Erhöhung der Schädlingsresistenz, Verbesserung der Herbizidresistenz, Steigerung der Produktionsleistung[5].

Die toxikologischen, züchterischen und ökologischen Risiken im Landwirtschaftsbereich können nicht als geklärt betrachtet werden. Ungeachtet dessen drängt die mit Gentechnologie arbeitende Landwirtschaftsproduktion der westlichen Industriestaaten auf den Weltmarkt. Die Folgen für die landwirtschaftliche Produktion in der Dritten Welt sind unübersehbar.[6]

2 Historischer Überblick

In diesem Abschnitt werden die wichtigen Linien der Entwicklung der (grünen) Biotechnologie dargestellt. Hier wird vor allem ein Überblick über die Entwicklung der grünen Biotechnologie in letzten 30 Jahren durchgeführt.[7]

---

[3] Vgl. Schrott, M. 1997.
[4] Vgl. Lüthi, T. 1997.

[5] Vgl. Lüthi, T. 1997.

[6] Vgl. Saedler, H., 1995: Gentechnologie und Landwirtschaft, in: Markl, H. (Hrsg.): Wissenschaft in der globalen Herausforderung, Stuttgart, S. 235-249.

[7] Vgl. Conrad, J., 2004: Innovationen durch regionale Netzwerke, Kap. 3, unveröff., Dolata, U., 2003: Unternehmen Technik, Berlin u.a.

Die Entwicklungsphasen werden mit wirtschaftlichem und politischem Blick vorgestellt. Danach geht es um die aktuelle Debatte zur Biotechnologie und die Tendenzen in der Biotechnologie.

2.1 Entwicklung der Biotechnologie in den letzten 30 Jahren

Die Entwicklung der neuen Biotechnologie in den letzten 30 Jahren ist durch die Anwendung wissenschaftlicher und technischer Methoden erreicht worden. Diese neuen Methoden erlauben Neukombinationen von lebenden Organismen mit zellulären und subzellulären Bestandteilen. Genmanipulation, Fermentation, monoklonale Antikörper, Proteinmanipulation und Zellkulturen sind Beispiele von neuen biologischen Verfahren. Damit kann gesagt werden, dass die Gentechnik als eine mögliche Technik der Biotechnologie zu betrachten ist.[8]

Der Beginn des 19.Jahrhunderts bildete die Schwelle zur industriellen Revolution, die auch die Herstellung von Lebensmitteln stark beeinflusste. Mit der von James Watt erfundenen Dampfmaschine wurden ab 1776 auch Getreidemühlen betrieben. Der französische Chemiker und Mikrobiologe Louis Pasteur entdeckte 1857, dass Milch durch Mikroorganismen sauer wird. Pasteur zeigte, dass Kleinstlebewesen durch Erhitzen abgetötet werden. Das nach ihm benannte „Pasteurisieren" von Milch wird seit 1861 angewendet, um die Haltbarkeit und Verträglichkeit von Milch zu verbessern.[9] Das bedeutet, dass die Biotechnologie eine lange Tradition hat. Es werden heute noch nach uralten Verfahren, beispielweise bei Bier und Käse, biotechnologische Produkte hergestellt.[10]

Mendel entdeckte 1865 durch Kreuzungsexperimente mit Erbsen die Gesetze der Vererbung. Das Zeitalter wissenschaftlich begründeter Pflanzenzüchtung begann. Elternpflanzen wurden gekreuzt, die sich in erwünschten Eigenschaften ergänzten. Durch die Selektion geeigneter Kreuzungsprodukte und Rückkreuzungen mit den Elternlinien wurden Pflanzensorten mit hoher Widerstandskraft und Ertragsleistung gezüchtet.[11]

---

[8] Vgl. Conrad, J. 2004.

[9] Vgl. Norton, E., Lindner, A. 1997.

[10] Vgl. Conrad, J. 2004.

[11] Im 19.Jahrhundert wurden auch zahlreiche technische Konservierungsverfahren entwickelt wie zum Beispiel die Dosenkonservierung, die Sprühtrocknung und das Tiefkühlen. Die

Klassische Züchtungen steigerten die Leistungen der Landwirtschaft in den letzten 100 Jahren erheblich. Durch Kenntnisse der Genetik entstanden neue Methoden wie die künstliche Besamung und der Embryonentransfer bei Nutztieren. Die kontrollierte Bestäubung von Kulturpflanzen ist längst zur Routine geworden. Zu Beginn des 20. Jahrhunderts gelang es, Pflanzenzellen aus Spross- oder Wurzelspitzen im Labor heranzuziehen und zu vermehren. Aus diesen Gewebekulturen konnten in wenigen Wochen oder Monaten große Zahlen von genetisch identischen Nachkommen geklont werden. Dieses Verfahren wurde genutzt, um virusfreie Setzlinge von Kartoffeln, Erdbeeren oder Ölpalmen zu vermehren.[12]

Ganz neue Möglichkeiten der Nahrungsmittelproduktion und -verarbeitung ergaben sich durch die Entwicklung der Gentechnik. In nur wenigen Jahrzehnten wurde die Erbsubstanz verschiedener Mikroorganismen entschlüsselt, wurden die Werkzeuge der Gentechnologie gefunden und weiterentwickelt sowie Techniken zur Isolierung und Neukombination von Genen ausgearbeitet. 1973 gelang den amerikanischen Forschern Stanley Cohen und Herbert Boyer das erste gentechnische Experiment: Sie schleusten ein fremdes Gen in ein Bakterium ein. Das Bakterium nahm das Gen in sein eigenes Erbgut auf und produzierte daraufhin nach Vorlage des neuen Gens einen neuen Eiweißstoff.[13]

Als modernes Verfahren der Biotechnologie wird die Gentechnik heute mit verschiedenen Zielrichtungen in der Landwirtschaft, der Futtermittel- und der Lebensmittelproduktion eingesetzt. Mikroorganismen können gentechnisch so optimiert werden, dass sie bestimmte Enzyme in den benötigten Mengen herstellen. 1988 erteilte die Schweiz als erstes europäisches Land eine Zulassung für das gentechnisch hergestellte Enzym Chymosin zur Lebensmittelverarbeitung.[14]

Versorgung mit Nahrungsmitteln wurde dadurch sicherer und einfacher. Vgl. Norton, E., Lindner, A. 1997.

[12] Mit der sogenannten Protoplastenfusion konnten erstmals Kombinationen von verschiedenen Pflanzenarten, die auf sexuellem Wege nicht kreuzbar sind, erzeugt werden. Vgl. Norton, E., Lindner, A. 1997.

[13] Vgl. Norton, E., Lindner, A. 1997.

[14] Chymosin wurde traditionell als „Labferment" aus Kälbermägen gewonnen und dient der Herstellung von Käse. Seit 1990 wird gentechnisch hergestelltes Chymosin in über 30 Ländern der Welt in der Käseproduktion eingesetzt, seit 1997 auch in Deutschland. Weltweit wurden damit bereits Millionen Tonnen Käse produziert. Vgl. Norton, E., Lindner, A. 1997.

Nach Conrad kann die Entwicklung der modernen Biotechnologie so dargestellt werden: „Als markante historische Wegpfeiler ihrer Entwicklung werden typischerweise genannt: 1890: postulierte Vererbungsregeln (Mendel); 1910: Nachweis, dass Gene auf Chromosomen lokalisiert sind (Morgan); 1944: DNA und nicht Protein als Trägersubstanz von Genen (Avery et al.); 1953: Entdeckung der Doppelhelix-Struktur der DNA (Watson/Crick); 1961: Entschlüsselung des genetischen Codes (Brenner/Crick); 1953: Entdeckung der Doppelhelix-Struktur der DANN (Watson/Crick); 1961: Entschlüsselung des genetischen Codes (Brenner(Crick); 1966: vollständige Aufklärung des genetischen Codes (Khorana); 1973: Einführung von DANN-Fragmenten in Plasmide (Boyer/Cohen); 1975: Asilomar-Konferenz über die Sicherheit der Gentechnik; 1976: erstes Biotech-Start-up (Genentech) gegründet (Boyer/Swanson); 1980: erstes Patent auf einen rekombinierten Organismus (E.coli); 1982: erste transgene Pflanze, erster erfolgreicher Gentransfer zwischen Tieren, erste gentechnisch erzeugte Pharmaka (Insulin und Tierimpfstoff) zugelassen; 1984: Entwicklung des DNA-Fingerabdrucks (genetic fingerprinting) (Jeffreys), erste Freisetzung transgener Pflanzen (in Belgien); 1989: erstes Patent auf eine genetisch veränderte Maus; 1990: erste somatische Gentherapie am Menschen; 1994: Verkauf genetisch veränderter Tomaten in den USA; 1996: Beginn des kommerziellen Anbaus transgener Pflanzen; 1997: Klonschaf Dolly (Wilmut); 2000: erfolgreiche Genomanalyse vom Menschen (HGP), Fruchtfliege und Reis."[15]

Im Laufe der Zeit wurde klar, dass die Pflanzenbiotechnologie den Einsatz der Biotechnologie im pflanzlichen Bereich bezeichnet. Die Pflanzenzüchtung arbeitet mit Hilfe der Gentechnik an Resistenzen gegen Schädlinge wie Pilze, Viren, Bakterien oder Insekten. Die Produktqualität soll in Bezug auf Haltbarkeit oder Nährstoffwert verbessert werden. Geforscht wird auch an agronomischen Eigenschaften wie Dürre-, Herbizid- oder Salztoleranz und einer verbesserten Nährstoffeffizienz.[16] Die erste transgene Pflanze wurde 1983 entwickelt. Amerikanischen Forschern gelang es, ein Antibiotikaresistenz-Gen aus einem Bakterium auf eine Tabakpflanze zu übertragen. Heute, 21 Jahre später, sind weltweit mehr als 200 verschiedene gentechnisch veränderte Pflanzen[17] zugelassen.

---

[15] Vgl. Conrad, J. 2004, S. 85-86.

[16] Vgl. Vgl. Norton, E., Lindner, A. 1997.

[17] „Bei der Entwicklung gentechnisch veränderter Pflanzen lassen sich grob drei Generationen unterscheiden. Die erste betrifft Input-Eigenschaften, also die gezielte Veränderung von Pflanzen in einem oder zwei Genen". „Die zweite Generation setzt komplexer an und zielt auf

Die Gentechnologie wird somit nicht nur in der biomedizinischen Forschung, sondern auch in der Agrar- und Lebensmittelindustrie zu einer der Schlüsseltechnologien des 21. Jahrhunderts.[18]

In der Literatur werden auch historische Entwicklungsphasen der Biotechnologie dargestellt. Die historischen Entwicklungsphasen der Biotechnologie kann man in drei Phasen unterteilen, z.B. Phase der theoretischen Grundlegung, Phase der experimentellen Praxis genetischer Rekombination und Phase der kommerziellen Nutzung. Nach Dolata können diese historischen Phasen der neuen Biotechnologie in Form eines langen Selektionsprozesses betrachtet werden.

Die Entdeckung und Beschreibung der DNA und der Entschlüsselung des genetischen Codes waren die wichtigsten Ereignisse für die akademische Grundlagenforschung während der ersten Phasen. Die zweite Phase kann als Übergangsphase bezeichnet werden. Die grundlagenorientierte Forschung ist zur experimentellen Praxis genetischer Manipulation geworden und in der akademischen Forschung werden die technischen Daten weiterhin genutzt. Die dritte Phase fängt mit der ökonomischen und wissenschaftlichen Entwicklung an, vor allem mit neuen Techniken, die durch Konzerne als Träger der Kommerzialisierung des Biotechnologieprozesses gestaltet werden. Damit kann gesagt werden, dass die neuen Akteure der Politik, der Wirtschaft und der Wissenschaft großen Einfluss auf die neue Biotechnologieentwicklung gewonnen haben.

Der Prozess der Technisierung und Kommerzialisierung der Biotechnologie kann in Bezug auf die Phase der Entwicklung der neuen Biotechnologie eine große Rolle spielen und damit kann man auch die Entwicklung der neuen Biotechnologie in vier detaillierte Phasen unterscheiden. Die wissenschaftlichen Durchbrüche bezeichnet die erste Phase, damit wird die rekombinante DAN-Technik und die monoklonale Herstellung von Antikörpern verbunden.

Output-Eigenschaften, d.h. die Veränderung bestehender oder die Einführung neuer Stoffwechselprozesse zum Zwecke veränderter Nahrungsmitteleigenschaften". „Die dritte Generation strebt molecular farming an, d.h. die Nutzung von Pflanzen als Produktionsstätten für nichtpflanzliche Produkte wie Pharmaka oder Tierimpfstoffe." Vgl. Conrad, J. 2004, S. 86-87.

[18] Vgl. Vgl. Norton, E., Lindner, A. 1997.

Die Selbstreflexion der Wissenschaft war in dieser Phase sehr geprägt, vor allem „über die Gefahrenpotenziale rekombinanter DAN-Forschung" sowie durch die „Selbstregulierung gentechnischer Experimente durch entsprechend kodifizierten Sicherheitsrichtlinien, durch große (industrielle) Visionen zukünftiger biotechnologisch geprägter, wissenschaftlich-technischer und gesellschaftlicher Entwicklungspfade".[19]

Die Nutzung und Entwicklung der Gentechnik durch den Wissenschaftssektor wird in der zweiten Phase noch geprägt. Biotech-Start-ups wurden mit kommerzieller Nutzung von wissenschaftlichen Erkenntnissen durch Wissenschaftler gegründet. Dadurch bildeten sich große Konzerne im Pharma-, Chemie- und Nahrungsmittelbereich mit einem Engagement im forschungsintensiven Gebieten der Biotechnologie.[20]

Als dritte Phase betrachtet man ein signifikantes Wachstum, Marktpenetration basierend auf neuen biotechnologischen Verfahren, strategischen Allianzen und globalem Wettbewerb von Unternehmen. Die Sicherheitsrichtlinien wurden gelockert und dereguliert.[21] Die gentechnisch veränderten Agrarprodukte in Europa wurden eingeführt, damit wurden intensive Debatten und Protestaktionen ausgelöst sowie die Akzeptanzprobleme der grünen Gentechnik verstärkt.[22]

Die vierte Phase oder aktuelle Phase entwickelt sich, sie wird prognostiziert „durch eine zunehmend klarer ausdifferenzierte Struktur der Biotechnologiebranche, durch die zunehmende (kommerzielle) Durchsetzung" und durch den Biotechnologieregulierungsprozess bzw. globale Biotechnologieunternehmen. Die Internationalisierung von Regulierungsstandards hat „weltweit etwa im Rahmen von WTO (World Trade Organisation)" oder CBD (Convention on Biological Diversity) zugenommen.[23] Diese Phase kann als Phase der Internationalisierung, Normalisierung und Diffusion bezeichnet werden.

---

[19] Vgl. Conrad, J. 2004, S. 89, Dolata, U. 2003, S. 145ff.

[20] Vgl. Conrad, J. 2004, S. 89ff.

[21] Vgl. Conrad, J. 2004, S. 90ff.

[22] Vgl. Conrad, J. 2004, S. 90.

[23] Vgl. Conrad, J. 2004, S. 90.

Nach Conrad sind die Regulierungsstile in der EU und den USA unterschiedlich, deshalb kann die „Entwicklung für den Bereich der grünen Biotechnologie allerdings vorerst fraglich" werden. Nach der Prognose von Experten der Biotechnologie kann man behaupten, dass keine große „Marktpenetration von Agrarprodukten der zweiten und dritten Generation der Pflanzengentechnik" bis 2010 zu erwarten sind.[24]

Es kann zusammengefasst werden, dass in den 1970er Jahren auf wissenschaftlich-technischer Ebene molekularbiologische Grundlagenforschung mit rekombinierter DNA in Forschungslabors dominierte. Die Nutzung gentechnischer Methoden wurde von der biologischen Forschung über die Medizin in sämtliche Biotechnologiebereiche ausgebreitet. Die Freisetzung von genetisch manipulierten Organismen wurde in den 1980er Jahren eingeführt. Die Entwicklung und Vermarktung gentechnisch hergestellter oder modifizierter Produkte hat eine zunehmende Dynamik gewonnen.

In den 1990er Jahren wurde das Klonen von Makroorganismen eingesetzt und bis 2000/2001 die Entschlüsselung des menschlichen Genoms (Humangenom-Projekt) fortgesetzt.

Auf wirtschaftlicher Ebene wurde die anwendungs- und entwicklungsorientierte biotechnologische Forschung auf den pharmazeutischen und medizinischen Bereich der roten Biotechnologie konzentriert. In dem grünen Biotechnologiebereich wurden gentechnisch veränderte Lebensmittel wenig verbreitet. Soja, Mais, Baumwolle und Raps sind die Hauptprodukte gentechnisch veränderter Pflanzen weltweit. Ca. 68 Mio. ha wurden 2003 gepflanzt, d.h. in den USA 66%, in Argentinien 23%, in Kanada 6% und in China 4%. Die Zahl von Biotech-Unternehmen beträgt 2001 ca. 4.300 weltweit. Das bedeutet, dass die Diffusion von biotechnologischen Verfahren und Produkten sich rapide entwickelt hat sowie die Fusionen und Geschäftsübernahmen zwischen spezialisierten Biotech-Unternehmen.[25]

Im Rahmen der rechtlichen Regulierung kann gesagt werden, dass ab 1990 eine Reihe von rechtsverbindlichen Regelungen weltweit verabschiedet wurden.

---

[24] Vgl. Conrad, J. 2004, S. 91ff., Bandelow, N. 1999, Dolata, U. 2003 u.a.
[25] Vgl. Conrad, J. 2004, S. 91ff., Dolata, U. 2003 u.a.

„Insgesamt bietet die Biotechnologie-Politik in Europa von 2002-2004 ein Bild massiver (wettbewerbspolitisch motivierter) Förderung, rechtlich-bürokratischer Regulierung und (vorübergehender) partieller Beschränkung der Durchsetzung biotechnologischer Innovationen."[26]

Die gesellschaftlichen Diskurse zeigen auf, dass die öffentlichen Kontroversen um neue Biotechnologien in verschiedenen Ländern zu beobachten sind. In den 1970er und auch 1980er Jahren entstanden die Kontroversen um die Risiken und die moralische Vertretbarkeit gentechnischer Forschung und humangenetischer Verfahren. In den 1990er Jahren betrachtet man eine Abschwächung der Regelungen und die Kontroversen im grünen Gentechnikbereich. Die moralische Betroffenheit hat spürbar zugenommen. Die Akzeptanz von mehr roter als grüner Gentechnik hat sich verdeutlicht, das bedeutet, dass vor allem der individuelle Nutzen gentechnisch veränderter Nahrungsmittel durch die Bürger noch nicht akzeptiert wird.[27]

Nach Dolata ist die neue Biotechnologie mit Hilfe von Disziplinen wie Mikrobiologie, Zellbiologie und Biochemie weiterentwickelt. Die neue Biotechnologie kann als qualitativ neue Stufe im Rahmen von Nutzung der Biologie charakterisiert werden. Sie hat einen innovationsdynamischen Charakter und einen technischen, ökonomischen und sozialen Selektionsprozess. Die Verwendung der neuen Biotechnologie kann vor allem für die Wirtschaftssektoren globaler Konkurrenzbeziehungen dargestellt werden und zeigt damit den Diffusionscharakter der Vermarktung von Großkonzernen.[28]

2.1.1 Wirtschaftliche Ebene

Die wirtschaftliche Entwicklung der Biotechnologie kann nicht durch einen rasch expandierenden Weltmarkt der industriellen Nutzung neuer biotechnologischer Produkte und Verfahren charakterisiert werden. Das bedeutet, dass vor allem viele der anfänglichen Blütenträume moderner Biotechnologien nicht erfüllt wurden, z.B. Einzeller-Protein, biologische Stickstofffixierung, Frostschutz-Bakterien u.a.

---

[26] Vgl. Conrad, J. 2004, S. 92.

[27] Vgl. Conrad, J. 2004, S. 93, Dolata, U. 2003, Bauer, M., Gaskell, G. 2002 u.a.

[28] Vgl. Dolata, U. 2003, S. 163ff., Conrad, J. 2004, S. 95ff.

Ein anderes Beispiel dafür ist, dass die großen kapitalstarken Unternehmen in der Pharma-, Chemie- und Nahrungsmittelindustrie sich vor allem in Europa zunächst eher zögerlich in der modernen Biotechnologie engagierten. Die Wirtschaftlichkeit und damit die Marktreife vieler biotechnologischer Produkte war seinerzeit häufig offen. In einigen EU-Staaten bremsten des Öfteren bürokratische Hürden das Interesse an der Umsetzung von biotechnologischen Innovationen.[29]

Die biotechnologische Innovationen wurden früh mit begrenzten Ressourcen von Biotech-Unternehmen und oft von Wissenschaftlern betrieben. Heutzutage besitzen sie einen Charakter von kommerzieller Nutzung und sind auch von kooperativem Engagement großer Konzerne abhängig. Sie bedürfen für eine erfolgreiche Entwicklung entsprechende öffentliche Fördermittel und verfügbares Risikokapital. Die Biotechnologie besitzt auch eine hohe wissenschaftlich-technische Dynamik sowie einen ausgeprägten multidisziplinären Charakter. Die Entwicklung von modernen Biotechnologien kann durch den medizinisch-pharmazeutischen Bereich gekennzeichnet werden, und wird vor allem durch die Vorreiterrolle der USA im wirtschaftlichen Globalisierungsprozess verstärkt.

Die europäischen Biotechnologieunternehmen werden durch eine ungünstige Wettbewerbssituation im Vergleich mit den USA beurteilt. Das bedeutet, dass die Probleme wie „Zulassungsbestimmungen im Pharmabereich vor allem ökonomische Gründe wie fehlendes Risikokapital oder fehlende Marktreife der Produkte und weniger soziale Gründe wie mangelnde Akzeptanz und Protestaktionen oder Informationsdefizite und fehlendes technologisches Know-how"[30] haben, die die Entwicklung der europäischen Biotechnologieunternehmen verhindern.[31] Die Finanzierung der Biotech-Unternehmen werden durch „großindustrielle Kooperationspartner, öffentliche Fördermittel, Kredite und Aktienemissionen"[32] durchgeführt. Im Jahr 2001 wurde für Biotech-Unternehmen in den USA mit 25% Verlusten und in Deutschland mit 40% Verlusten gerechnet.

---

[29] Vgl. Bandelow, N. 1999, Conrad, J. 2004, Dolata, U. 2003 u.a.
[30] Vgl. Conrad, J. 2004, S. 100, Dolata, U. 2003 u.a.

[31] Vgl. Conrad, J. 2004, Dolata, U. 2003 u.a.

[32] Vgl. Conrad, J. 2004, S. 100, Dolata, U. 2003, S. 178ff.

Weltweit wurde knapp 20% des Gesamtumsatzes von Biotech-Unternehmen Nettoverluste gemacht.[33]

Nach Dolata sollen die kommerziellen Charakteristika der neuen Biotechnologie vor allem durch die Etablierung und Stabilisierung des Unternehmenstyps mit Betätigungsfeld Produktentwicklungen, Dienstleistungs-, Service- oder Zulieferaktivitäten um die Biotechnologie entwickelt werden. Die kooperative Öffnung und massive Fusionspolitik sollen auch zur wirtschaftlichen Entwicklung sowie zur Herausbildung von Biotech-Allianzen mit kooperativem Arrangement beitragen. Die internationale Struktur der Unternehmen soll mit signifikanten regionalen Verdichtungen und transnationalen kooperativen Lernprozessen und Konkurrenzzusammenhängen geplant werden.[34] Die strukturellen Rahmenbedingungen der Biotechnologieindustrie zeigen einige Probleme wie die Wissenschaftsbasiertheit im Rahmen der biotechnologischen Produktentwicklung, die Konsolidierungsphase und Marktpenetration einer neuen Technologie, die Entwicklungskosten und -zeiten[35] und den internationalen Charakter mit weltweiter Vermarktung und globalen Perspektiven.[36]

2.1.2 Politische Ebene

In der politischen Ebene kann gesagt werden, dass die Regulierungspolitik der Pflanzenbiotechnologie in mehreren Linien der Entwicklung von politics, policies und Regulierungsmustern betrachtet werden soll. Als erste Entwicklungslinie der Biotechnologiepolitik ist im Rahmen der Technologieentwicklung mit internationaler Wettbewerbsfähigkeit und Wirtschaftssicherung zu nennen. Die zweite Entwicklungslinie zeigt die Politik der Regulierung durch rechtliche Rahmenbedingungen in Bezug auf die Nutzung neuer Biotechnologien und der Gentechnik sowie Konflikte, die damit verbunden sind.[37]

---

[33] Vgl. Dolata, U. 2003, S. 178ff., Conrad, J. 2004, S. 100.

[34] Vgl. Dolata, U. 2003, S. 175ff.

[35] „Die Entwicklung neuer pharmazeutischer Produkte ist heute typischerweise mit Entwicklungskosten von ca. 800 Mio. € und Entwicklungszeiten bis zur Zulassung und erfolgreichen Markteinführung von ca. 10-15 Jahren verbunden". Vgl. Conrad, J. 2004, S. 103.

[36] Vgl. Conrad, J. 2004, S. 103-104, Dolata, U. 2003, S. 175ff.

[37] Vgl. Conrad, J. 2004, S. 119ff., Bandelow, N. 1999, Dolata, U. 2003 u.a.

Der Schutz vor potenziellen Gefahren der Gentechnik hat in den 70er Jahren eine große Rolle gespielt. Bis Mitte der 1980er Jahre war vor allem die systematische Förderung der Biotechnologie als Schlüsseltechnologie durch Technologiepolitik wichtig. Ende der 80er Jahre wurden durch ökonomische Akteure weniger Aufmerksamkeit und Positionierung auf die Biotechnologiepolitik sowie auf die Aushandelung und Verabschiedung gesetzliche Regelungen der Gentechnik gerichtet.[38]

Anfang der 1990er Jahre wurde die Biotechnologiepolitik dereguliert und entbürokratisiert, d.h., die Biotechnologiepolitik wurde durch neoliberale Deregulierungsideologie geprägt. Die Biotechnologiepolitik war Ende der 1990er Jahre von ausgeprägten gesellschaftlichen Inakzeptanzen der grünen Gentechnik geprägt. Damit lösten sich viele kommerzielle Probleme des Anbaus von veränderten Pflanzen und des Verkaufs von Genfood. Die BSE-Krise war ein Hindernis für die Entwicklung der Biotechnologiepolitik.[39]

Die Leitgedankenentwicklung der Biotechnologiepolitik wurde durch generelle Forschungsförderung zur Innovationspolitik in den 80er und 90er Jahren geprägt. Für 2000 bis 2004 kann behauptet werden, dass der generelle Interessenkonflikt durch die Entwicklung von Biotechnologiepolitik zu einer großen Debatte geführt hat.

Ein Beispiel dafür ist die EU-Kommission, die vor dem Europäischen Gerichtshof gegen EU-Staaten wegen mangelhafter Umsetzung der EU-Freisetzungs-Richtlinie 2001/18 geklagt hat. Die Definition und Regelung von Biopatenten sind ein anderes Beispiel dafür ebenso wie die politischen Auseinandersetzungen über die Landwirtschaftregelungen und die Gentechnik.[40]

Die Europäische Union hat durch die sog. Freisetzungsrichtlinie[41] im März 2001 den Einsatz der Grünen Gentechnik in Europa neu geregelt.

---

[38] Vgl. Conrad, J. 2004, S. 119-120, Bandelow, N. 1999, Dolata, U. 2003 u.a.

[39] Vgl. Conrad, J. 2004, S. 120.
[40] Vgl. Conrad, J. 2004, S. 126ff.

[41] Vgl. die Richtlinie 2001/18/EG des Europäischen Parlaments und des Rates vom 12. März 2001 über die absichtliche Freisetzung genetisch veränderter Organismen in die Umwelt und zur Aufhebung der Richtlinie 90/220/EWG. (www.EG-Gentechnik.de).

Wesentliche Inhalte sind Vorschriften bei der Zulassung von GVO (gentechnische Anlagen, Freisetzungen, Inverkehrbringen) durch die zuständigen Behörden der Mitgliedsstaaten und die Sicherstellung der Koexistenz (Nebeneinander konventioneller, ökologischer und gentechnisch veränderter Pflanzen) durch einzelstaatliche Regelungen.

Seit April 2004 gelten EU-weit neue Kennzeichnungsregeln für gentechnisch veränderte Lebens- und Futtermittel.[42] Danach müssen alle Lebens- und Futtermittel gekennzeichnet werden, die einen GVO-Anteil von über 0,9% der einzelnen Zutaten oder des Lebens- und Futtermittels aufweisen. Sind die Anteile nicht zufällig oder technisch vermeidbar, tritt eine Kennzeichnungspflicht bereits unter 0,9% ein.[43]

Gekennzeichnet werden müssen alle gentechnisch veränderten Futtermittel und Lebensmittel und zwar unabhängig davon, ob man noch gentechnisch veränderte Bestandteile darin nachweisen kann. Nicht kennzeichnunspflichtig sind Erzeugnisse von Tieren, z.B. Fleisch, Milch und Eier, die mit Futtermitteln aus gentechnisch veränderten Organismen gefüttert worden sind. Der Kennzeichnungstext muss bei verpackten, vorgefertigten Lebensmitteln in der Zutatenliste stehen, bei Lebensmitteln ohne Zutatenliste deutlich sichtbar auf dem Etikett. Auch bei unverpackter Ware und beim Angebot in Restaurants oder Gemeinschaftsverpflegungseinrichtungen ist die Kennzeichnung Pflicht. Hier muss beispielsweise ein Schild an der Ware oder der Speisekarte auf das gentechnisch veränderte Produkt hinweisen.

Ziel dieser Kennzeichnungsregelung, die zu den schärfsten weltweit gehört, ist die Information und damit die Sicherstellung der Wahlfreiheit für Verbraucher. Das Gentechnikdurchführungsgesetz[44] regelt im Wesentlichen die Zuständigkeiten der Behörden und die Bußgeld- und Strafvorschriften bei der Anwendung der EU-Verordnungen.

---

[42] Vgl. die Verordnung (EG) Nr. 1830/2003 des Europäischen Parlaments und des Rates über genetisch veränderte Lebens- und Futtermittel vom 22. September 2003. (www.EG-Gentechnik.de).

[43] Vgl. die Verordnung (EG) Nr. 1830/2003 des Europäischen Parlaments und des Rates über die Rückverfolgbarkeit und Kennzeichnung genetisch veränderter Organismen und über die Rückverfolgbarkeit von aus genetisch veränderten Organismen hergestellten Lebensmitten und Futtermitteln sowie zur Änderung der Richtlinie 2001/18/EG vom 22. September 2003. (www.EG-Gentechnik.de).

[44] Vgl. das Gesetz zur Durchführung von Verordnungen der Europäischen Gemeinschaft auf dem Gebiet der Gentechnik (EG-Gentechnik-Durchführungsgesetz – EG-GenTDurchFg) vom 22. Juni 2004. (www.EG-Gentechnik.de).

2.2 Aktuelle Debatte zur grünen Biotechnologie

Nach Umfragen[45] und Untersuchungen von Einstellungen und Bewertungen
der Gentechnik wurde festgestellt, dass es viele Kontroversen über die
Gentechnik gibt. Als Beispiel ist der Wissensstand der Bürger in Bezug auf die
Gentechnik zu nennen. Es geht darum, dass die Bürger einen besseren
Kenntnisstand zu mehr Klarheit in der Einstellung zur Gentechnik bekommen.
Es wurde auch festgestellt, dass eine generelle individuelle Einstellung zur
Gentechnik von Individuen konstant bleibt. Die Einstellung zur Gentechnik
variiert nach gruppenspezifisch, unterschiedlichen Typen und Milieus. Eine
tendenzielle Akzeptanz der roten und eine tendenzielle Ablehnung der grünen
Gentechnik ist zu beobachten. In EU-Ländern gibt es Ähnlichkeiten gegenüber
grüner Gentechnik, aber Länder wie Finnland, Schweden, Dänemark und
Österreich haben gewisse Abweichungen. In EU-Ländern gibt es auch
unterschiedliche Intensitäten in Bezug auf die öffentlichen Debatten zur
Gentechnologie. Zusammenfassend lässt sich feststellen, dass insgesamt eine
skeptische Haltung gegenüber der Gentechnik dominiert.[46]

2.3 Tendenzen in der grünen Biotechnologie

Zunächst ist es erforderlich, die grüne Gentechnik in das Gesamtbild der
grünen Biotechnologie noch einmal einzuordnen. Biotechnologie in der
Pflanzenzüchtung umfasst eine Reihe verschiedener Techniken, insbesondere
Zell- und Gewebekulturtechnologie, Molekulare Markertechnologie,
Genomforschung und, als Teilaspekt, auch die Gentechnik. Das züchterische
Potenzial der grünen Gentechnik liegt darin, Gene auch über Artgrenzen
hinweg verfügbar zu machen und eine gezieltere Neukombination von
gewünschten Genen zu erreichen. Die zukünftige Nutzung dieses Potenzials
hängt wesentlich von vier eng miteinander verknüpften Faktoren ab: den
regulatorischen Vorgaben, der ökonomischen Leistungsfähigkeit der Produkte,
der generellen öffentlichen Akzeptanz der Technologie und dem weiteren
technischen Fortschritt.[47]

---

[45] Vgl. Bauer, M., Gaskell, G. 2002.

[46] Vgl. Bauer, M., Gaskell, G. 2002.
[47] Vgl. Dressmann, D. 1998.

Für jeden Einzelschritt gentechnischer Arbeit, von der Genisolierung über Transformation, Sortenentwicklung und Vermarktung von Saatgut existieren umfangreiche regulatorische Vorgaben. Die Züchtungsunternehmen betreiben einen hohen Aufwand, um die komplizierten Verfahren zu handhaben und in dem eng gesteckten Rahmen gentechnisch optimierte Produkte herzustellen.[48]

Die ökonomische Leistungsfähigkeit von gentechnisch verbesserten Pflanzen am Markt kann bislang lediglich anhand der Entwicklungen in den USA fundiert beurteilt werden. Die wichtigsten Pflanzenarten sind dabei Soja, Baumwolle, Mais und Raps, die Merkmale wie Herbizidtoleranz, Insektenresistenz und männliche Sterilität aufweisen. Für diese Pflanzenarten und Merkmale stellt die grüne Gentechnik bereits heute eine Erfolgsgeschichte dar: die Landwirtschaft entwickelt eine weiter steigende Nachfrage und auch der Verbraucher akzeptiert den gentechnischen Hintergrund von Produkten, die aus GVO-Sorten hergestellt wurden. Zumindest für die USA ist mit einer weiteren Kommerzialisierung gentechnisch optimierter Pflanzen zu rechnen, der Umfang wird abhängig sein von den neuen Merkmalen und dem Nutzen, den diese für Landwirt, verarbeitende Industrie und Verbraucher mit sich bringen.[49]

Im Gegensatz zu den USA lehnen in Europa weite Bevölkerungskreise die grüne Gentechnik prinzipiell ab. Kurzfristig ist eine Änderung dieser Haltung nicht zu erwarten.[50] Mittelfristig wird es für die Akzeptanz von GVO-Produkten in Europa entscheidend sein, dass neue Produkte mit leicht ersichtlichen, plausiblen Vorteilen dem Verbraucher angeboten werden. Weiterhin muss beim Verbraucher ein grundlegendes Vertrauen in innovative Verfahren, die neue technologische Erkenntnisse nutzen, zurückgewonnen werden. Dies muss auch einen sensiblen Umgang mit den kulturellen und ethischen Grundprinzipien bei der Nutzung von Natur (hier der Pflanzen) mit einschließen.[51]

---

[48] Vgl. Dressmann, D. 1998.

[49] Vgl. Dressmann, D. 1998.

[50] Vgl. Hampel, J., Renn, O. 1999.

[51] Vgl. Hampel, J., Renn, O. 1999.

3 Zusammenfassung

Als grüne Gentechnik wird der Teil der modernen Biotechnologie bezeichnet, der im Bereich Agrarwirtschaft und Lebensmittelproduktion zum Einsatz kommt. Sie bietet neuartige Verfahren und Methoden, die unter anderem die herkömmliche Züchtung weiter vorangebracht haben und von grundsätzlich neuer Qualität sind. Daher ergeben sich neben den wissenschaftlichen auch zwangsläufig politische, kulturelle, aber auch gesellschaftliche Probleme. Es ist somit wichtig zu erkennen, dass die weitere technische und wirtschaftliche Entwicklung der grünen Gentechnik davon abhängt, ob die Gesellschaft als Ganzes den genetischen Veränderungen von Pflanzen und Lebewesen zustimmt.

Nur wenige werden bezweifeln, dass die Biotechnologie in den nächsten Jahren ihren Siegeszug fortsetzen wird. Ob die Länder, wie z.B. die Bundesrepublik Deutschland, in vollem Ausmaß daran teilhaben werden, ist ungewiss. Deswegen sei die Frage erlaubt, ob ein Land wie Deutschland es sich aus Angst vor spekulativen Risiken erlauben kann und darf, die Chancen der grünen Gentechnik zu ignorieren. Gerade unter dem Gesichtspunkt der Verantwortung für die Gesellschaft und der Sicherung des Innovationsstandortes Deutschland müssen die Unternehmen neue Wege finden, um eine Stagnation inmitten der Wertschöpfungskette zu verhindern.
Angesichts der in letzter Zeit zunehmenden Turbulenzen in den gesetzlichen Rahmenbedingungen einerseits und der wieder zu Wort kommenden Gegner der grünen Gentechnik andererseits erscheint eine Analyse der gegenwärtigen Strategien von Biotech-Unternehmen höchst interessant. Selbstverständlich beruht der wirtschaftliche Erfolg der entwickelten Produkte nicht nur auf der Kommunikation mit marktlichen und nicht-marktlichen Anspruchsgruppen, sondern auch auf den entsprechenden Innovationsanstrengungen. Sich jedoch wiederum einzig und allein auf die Entwicklung und Untersuchung des im Bereich der Biotechnologie technisch und wissenschaftlich Machbaren zu konzentrieren, reicht nicht mehr aus.

Zentrale Problemfelder in den meisten Ländern sind die schwierigen Rahmenbedingungen für Wirtschaft und Forschung sowie die fehlende Akzeptanz in breiten Bevölkerungsschichten. Momentan sind gentechnisch modifizierte Lebensmittel z.B. in Deutschland kaum vermarktbar.

Die Unternehmen müssen deswegen ihre Kommunikationsstrategien darauf ausrichten, den Kundennutzen sowie die Chancen und Risiken dieser Lebensmittel klar und wahrnehmbar zu übermitteln. Gleichzeitig müssen sie versuchen, direkt oder indirekt die Rahmenbedingungen für ihre wirtschaftliche Tätigkeit zu verbessern. Der Druck auf die Regierungen könnte mit Hilfe supranationaler Gremien wie der EU oder durch direkten Kontakt mit Vertretern anderer Länder verstärkt werden. Alle genannten Maßnahmen sind jedoch kaum von einem Einzelunternehmen realisierbar. Es ist also gewissermaßen die Kommunikation zwischen den Akteuren in diesem Markt nötig. Zusätzlich darf im Bereich der Forschung und der Kampagnen die ethische Dimension keinesfalls vernachlässigt werden.

4 Literaturverzeichnis

Bandelow, N., 1999: Lernende Politik. Advocacy-Koalitionen und politischer Wandel am Beispiel der Gentechnologiepolitik, Berlin

Bauer, M., Gaskell, G., 2002: Biotechnology – The Marking of a Global Controversy, Cambridge University Press

Breitenstein, M., 1998: Vom Gentechnik – Skeptiker zum Befürworter, Neue Zürcher Zeitung

Conrad, J., 2004: Innovationen durch regionale Netzwerke, Kap. 3, unveröff.

Dolata, U., 2003: Unternehmen Technik, Berlin

Dreesmann, D., 1998: Gentechnik, Pflanzenzüchtung und biologische Sicherheit – Ist die Forderung nach absoluter Sicherheit sinnvoll? Neue Zürcher Zeitung

Fischbach, K.F., 1999: Wiss. Grundlagen, Anwendungsmöglichkeiten und der Versuch einer Einordnung von Chancen und Risiken

Gassen, H. G., Hammes, W. P. (Hrsg.) 1997: Handbuch Gentechnologie und Lebensmittel, Hamburg, S. 1-18

Hampel, J., Renn, O., 1999: Gentechnik in der Öffentlichkeit

Lüthi, T., 1997: Wissenschaft im Aufbruch, NZZ-Fokus Gentechnologie

Norton, E., Lindner, A. 1997: Gentechnik im Alltag, vgs

OECD 1998: Biotechnologie für umweltverträglich industrielle Produkte und Verfahren, OECD Publications, Paris

Saedler, H., 1995: Gentechnologie und Landwirtschaft, in: Markl, H., (Hrsg.): Wissenschaft in der Herausforderung, Stuttgart, S. 235-249

Schrott, M., 1997: Gentechnik und Pflanzen – aktuelle Entwicklung, Neue Zürcher Zeitung